Jushi Ruanzhuangshi Zhinan

居室软装饰指南

Decorate HOME

唐建 宋季蓉 林墨飞 臧慧 于玲 都伟 肖剑

编 著

U0229684

重庆大学出版社

图书在版编目(CIP)数据

居室软装饰指南/唐建主编. —重庆:重庆大学
出版社,2013.1
(惠民小书屋丛书——我爱我家系列)
ISBN 978-7-5624-7000-7

Ⅰ.①居… Ⅱ.①唐… Ⅲ.①住宅—室内装饰设计—
指南 Ⅳ.①TU241-62

中国版本图书馆 CIP 数据核字(2012)第 225668 号

居室软装饰指南

唐 建 宋季蓉 林墨飞 臧 慧 编著
于 玲 都 伟 肖 剑
策划编辑:何 明 王 勇
责任编辑:何 明 王 华 版式设计:何 明
责任校对:刘雯娜 责任印制:赵 晟

*

重庆大学出版社出版发行
出版人:邓晓益
社址:重庆市沙坪坝区大学城西路 21 号
邮编:401331
电话:(023)88617183 88617185(中小学)
传真:(023)88617186 88617166
网址:http://www.cqup.com.cn
邮箱:fxk@cqup.com.cn(营销中心)
全国新华书店经销
重庆长虹印务有限公司印刷

*

开本:890×1240 1/32 印张:6 字数:135 千
2013 年 1 月第 1 版 2013 年 1 月第 1 次印刷
印数:1—3 000
ISBN 978-7-5624-7000-7 定价:25.00 元

本书如有印刷、装订等质量问题,本社负责调换
版权所有,请勿擅自翻印和用本书
制作各类出版物及配套用书,违者必究

前言

PREFACE

随着人们生活水平和居室设计品位的提高，在居室环境的营造过程中，艺术性、舒适性、参与性、个性化等方面的内容已经得到了普遍重视，并且越来越多的人开始接受"重装饰、轻装修"的理念。

相关的调查报告表明，从2005年到2010年软装饰材料的装修费用在室内装修中所占的比例上升了近三成，而硬装修的费用却从80%左右下降到50%左右，这些数据说明硬装与软装在居室设计中的比重已经势均力敌，软装饰设计正日益受到人们的关注。所谓"软装饰"，就是指装修完毕之后，利用那些易更换、易变动位置的饰物与家具，如窗帘、沙发套、靠垫、工艺台布及装饰工艺品、装饰铁艺等，对室内环境进行的二度陈设与布置。"软装饰"更可以根据居室空间的大小形状、主人的生活习惯、兴趣爱好和各自的经济情况，从整体上综合策划装饰装修设计方案，体现出主人的个性品位，而不会"千家一面"。它对居室设计起到了烘托室内气氛、创造环境意境、丰富空间层次、调节环境色彩等作用，毋庸置疑地成为了居室设计过程中画龙点睛的部分。

本书通过对大量软装饰案例的展示与分析，详细阐述了软装饰设计的基础理论知识，对各种软装饰进行了系统分类，并针对不同类型软装饰在居室中所起到的不同作用进行了详尽分析与说明，对当前流行的各种软装饰风格以及最新材料进行了详细介绍。另外，针对设计过程中经常遇到的问题，穿插了若干条温馨提示，以期帮助读者在装修工程的软装饰环节少走弯路，从中受益。

本书以图文并茂的形式进行内容编排，形成以图片为主，文字为辅的读图性书籍。集知识性、实用性、可读性于一体。内容翔实生动，条理清晰分明，对即将装修和注重居室生活品质的读者具有较高的参考价值和实际的指导意义。

在本书的编写过程中，得到了重庆大学出版社领导和编辑的大力支持，在此致以衷心的感谢！

限于作者的学识水平和研究条件，书中难免有纰漏之处，恳请广大读者批评指正。

大连理工大学建筑与艺术学院

唐　建

2012 年 6 月 1 日

目

C O N T E N T S

录

1 居室软装饰概述

1.1 软装饰定义

对于"软装饰"这个行业,很多人都觉得陌生,不清楚"软装饰"指的是什么。软装饰虽然是一个新兴的行业,但在将来定会是一个拥有巨大市场的行业,前景广阔。

所谓"软装饰",是指装修完毕之后,利用那些易更换、易变动位置的饰物与家具,如窗帘、沙发套、靠垫、工艺台布及装饰工艺品、装饰铁艺等,对室内进行二度陈设与布置。不少业内人士会采用这样一个形象的说法来为软装作解释:"将整间屋子倒置过来,凡是能掉落下来的都属于软装的范畴。"可以说,"软装饰"

大连亿达项目样板间

是赋予室内空间生机与精神价值的重要手段,它对现代居室空间设计起到了烘托室内气氛、创造环境意境、丰富空间层次、强化室内环境风格、调节环境色彩等作用,毋庸置疑地成为了居室设计和装修过程中画龙点睛的部分。

具体而言,室内软装饰可以概括为以下几方面内容:

家具,即利用不同风格、不同材质的家具,如书桌、书柜、沙发、床等,对室内进行陈设布置,进一步确定和强化空间功能。(大连亿达东方圣荷西项目样板间)

墙面装饰,即在不变动墙体结构的前提下,利用壁纸、软包、镜面、护墙板等材料,让墙面呈现出丰富的表情。(大连亿达东方圣荷西项目样板间)

灯饰,利用吊灯、落地灯、台灯、壁灯等,为室内空间增添玲珑之美。灯饰就像居室的眼睛,家庭中如果没有灯具,就像人没有了眼睛,所以灯在家庭中是至关重要的。

(大连亿达东方圣荷西项目样板间)

布艺,利用窗帘、床品、沙发靠垫、地毯等,丰富的色彩与花纹以及柔软的质感,让居室变得格外温馨。

(大连亿达东方圣荷西项目样板间)

饰品,利用装饰画、绿植、插花、烛台、器皿等,为室内空间增添文化和艺术氛围,突出其特色。(大连亿达东方圣荷西项目样板间)

　　"软装饰",作为可移动的装修,更能体现主人的品位,是营造居室氛围的点睛之笔。它打破了传统的装修行业界限,将工艺品、纺织品、收藏品、灯具、花艺、植物等进行重新组合,营造出一种新的氛围。"软装饰"可以根据居室空间的大小形状、主人的生活习惯、兴趣爱好和各自的经济情况,从整体上综合策划装饰装修设计方案,体现出主人的个性品位,而不会"千家一面"。相对于硬装修一次性、无法回溯的特性,"软装饰"却可以根据季节的交替、使用者心情的变化、潮流的趋向而随时更换、更新不同的装饰元素。

1.2 软装饰与硬装修的配合

"硬装修"是相对于"软装饰"而来的,也就是人们所说的"装修"。"装修"顾名思义"安装整修","安装"管线、洁具、橱具、地板;"整修"三大面,墙面、地面、天棚,直至完善。随着人们生活水平的提高,不再满足只要有个地方住或功能满足要求即可的居室环境了。硬装修仅仅是拉开了室内生活舒适的序幕,想要做出好的居室,不能只靠硬装。"硬装修"好比一个人的身材相貌,一个居室风格的形成首先是由这些装饰符号形成的;而"软装饰"就好比人的衣服、配饰,有了一个好身材、好相貌,再配以漂亮得体的衣服,一个绝代佳人就呈现在人们面前。

"软装饰"和"硬装修"是相互渗透的。在现代装饰设计中,砖木、水泥、瓷砖、玻璃等建筑材料和丝麻等纺织品都是相互交叉、彼此渗透,有时也可以相互替代的。

事实上,现代意义上的"软装饰"已经不能和"硬装修"割裂开来,人们把"硬装修"和"软装饰"设计硬性分开,很大程度上是因为两者在施工上有前后之分,但在应用上,两者都是为了丰富概念化的空间,使空间异化,以满足居室的需求,展示人的个性。但目前"软装饰"在家装中的比例并不高,平均只占到5%,预计在未来的10年中它将占到20%,甚至更多。

1.3 居室软装饰的艺术效果

不少装修公司的设计师们都说,一些房子刚装修完后很好看,但是业主住进去,家具一摆,就面目全非了;而有些房子的装修很一般,但摆放完居室陈设品后,效果却出人意料的好。为什么会有两种相反的结果呢? 这就与居室的"软装饰"有关。"软装饰"设计水平的高低直接影响整个室内空间设计的效果。目前业内专家已达成这样的共识:室内装修最重要的是要体现其自身的特色和适合人居住,没必要将高档材料大量堆砌,也没必要人云亦云,关键是在装饰手法上要新颖,在家具的配置、装饰品的选用上下工夫。

"交换空间栏目"大连项目前后对比照片(左图:装修前,右图:装修后)

在目前的家庭装修中,由于少数装饰公司为了获取高利润或者消费者本身对装修很盲目,造成了不少家庭装修的误区。在新建的小区里经常能看到,各家各户都在装修,居民之间有一种互相攀比的心理,你家装修得豪华,我家比你家更豪华。装修公司的设计施工人员被业主领着转来转去,并不断地被告知,门要张三家的式样,客厅要李四家的风格,似乎想把别人最精华的东西都搬进自己的新居。然而,新居装修尚未完成或刚刚竣工,业主就会觉得家装的样式和风格并不是自己原来想要的。

"软装饰"设计水平的高低不但直接影响整个室内空间的艺术效果,还可以从设计细节中体会到设计师及使用者审美素养的高低以及对生活的态度。下面介绍几种当下比较流行的软装饰风格。

1)现代简约风格

"强调功能性设计、线条简约流畅、色彩对比强烈",这是现代风格居室的突出特点。金属是工业化社会的产物,也是体现简约风格最有力的材料手段。各种不同造型的金属灯,都是现代简约派的代表产品。此外,大量使用钢化玻璃、不锈钢等新型材料作为辅材,也是现代风格家具的常见装饰手法,能给人带来前卫、不受拘束的感觉。由于线条简单、装饰元素少,现代风格家具需要完美的软装配合,才能显示出美感。例如,沙发需要靠垫、餐桌需要餐桌布、床需要窗帘和床单陪衬,软装到位是现代风格装饰的关键。

2)新古典主义

新古典主义是经过改良的古典主义风格,将古典主义的繁复

现代简约风格(LPL阅品集团北京绿城御园现代风格样板间)

现代简约风格(大连非常饰界软装饰公司联排别墅项目)

装饰经过简化,并与现代的材质纹理相结合,呈现出的一种古典而简约的新风格。其美学价值在于它的独特的个性化、突出的形式感和丰富的人性化。该风格简约而充满激情,清新而不失厚重,在追求细节精致的同时,突出简练舒适的实用主义功能,以及华美的古典精髓。

　　新古典主义的软装饰打破了古典主义沉闷、中规中矩的色彩及造型特征,融合了现代主义的流行元素,进行更大胆的色彩搭配,形成了集装饰性、流行元素于一体的装饰风格。居室软装饰在表现新古典主义时多运用蕾丝花边垂幔、人造水晶珠串、卷草纹饰图案、毛皮、皮革蒙面、欧式人物雕塑、油画等,满足了人们对古典主义式浪漫舒适生活的追求,其格调华美而不显张扬,高贵而又活泼自由。

新古典主义(LPL 阆品集团北京绿城御园新古典主义风格样板间)

　　在图案纹饰的运用搭配上,新古典主义居室软装饰更加强调实用性,不再一味突出繁琐的装饰造型纹饰,多以简化了的卷草纹、植物藤蔓等装饰性较强的图案作为装饰语言,突出一种华美而浪漫的皇家情节。在色彩的运用上,新古典主义也逐渐打破了传统古典主义的忧郁、沉闷,以亮丽温馨的象牙白、米黄,清新淡雅的浅蓝,稳重而不失奢华的暗红、古铜色演绎新古典主义华美亲人的新风貌。

3)田园风格

　　田园风格的装饰材料均取自天然材质,强调"自然美"。竹、藤、木的家具,棉、麻、丝的织物,陶、砖、石的装饰物,乡村题材的装饰画,一切未经人工雕琢的都是具有亲和力的,不需要精雕细琢,即使有些粗糙,都是自然的流露。

4)地中海风格

　　地中海风格颜色明亮、大胆、丰厚却又简单。凸显地中海风格就要保持简单的意念,捕捉光线,取材天然。以地中海地区的地域划分,地中海风格大致有三个典型的颜色搭配。

　　蓝与白:想象从西班牙、摩洛哥海岸延伸到地中海的东岸希腊,西班牙那蔚蓝海岸与白色沙滩、希腊的白色村庄在碧海蓝天下闪闪发光,而白色村庄、沙滩和碧海、蓝天连成一片,就连门框、楼梯扶手、窗户、椅子的面、椅腿都会做成蓝与白的配色,加上混着贝壳、细砂的墙面、小鹅卵石地、拼贴马赛克、金银铁的金属器皿,将蓝与白不同程度的对比与组合发挥到极致。

　　黄、蓝紫和绿:从意大利、法国南部成片的向日葵、薰衣草花田

田园风格（大连非常饰界软装饰公司项目）

间,在一片金黄、蓝紫的彩色花卉与深绿色树叶相映衬下,呈现出明亮的漂亮的颜色组合,因此,在家饰、织品上,很容易看到自然色彩的反映。

土黄及红褐色调:北非特有的沙漠、岩石、泥、沙等天然景观,呈现浓厚的土黄、红褐色调,搭配北非特有植物的深红、靛蓝,与原本金黄闪亮的黄铜,散发出一种亲近土地的温暖感觉。

地中海风格（大连亿达东方圣荷西项目样板间）

地中海风格(LPL 阆品集团样板间)

5）中式风格

中式风格居室的布艺、地毯、窗帘等软装饰的风格要与其他家具配饰协调,中式风格软装饰在色彩上越来越多元化,图案以中国传统纹样为主要特点。

现在很多家庭喜欢简约中式风格,有些是从颜色上营造气氛,还有的是在花纹上表现中式。家具当然也很重要,但不一定都是雕龙画凤的家具,其实中式家具给人的感觉就是大气、稳重,所以家具在选择上偏中式风格或者具有一些中式元素或符号就可以了。

中式风格（大连非常饰界软装饰公司项目）

中式风格(大连非常饰界软装饰公司项目)

2 软装饰的色彩设计

2.1 软装饰色彩的魅力

据研究颜色和人类情绪关系的专家考证，家庭软装饰时选择合适的"快乐"色彩，有助于下班回家后的人们放松紧张的神经。不同的房间功能不同，颜色也会不一样；即使相同功能的房间，有时也会因居住者性格、职业、受教育程度不同而存在差异。所以，在软装饰中运用好色彩，了解一些色彩的知识是很有必要的。当今，提倡人性化和个性化已成为现代室内设计的主流。现代人快节奏、高频率、满负荷，在这日趋繁忙的生活中，人们渴望得到一种放松、纯净来调节转换精神的空间。所以使静态、单纯、冷漠的空间，变成动态的、丰富多彩的和充满情趣的生活空间，成为设计师们的一项挑战。

 小贴士

自然过渡、不显突兀

硬、软装修在色调、风格上的彼此和谐不难做到，难度在于如何让二者自然过渡。"呼应"属于均衡的形式美，是各种艺术常用的手法。在设计中，具体到顶棚与地面、桌面与墙面、各种家具之间，若形体与色彩层次过渡自然、巧妙呼应，往往能取得意想不到的效果。色彩和软饰品的应用最重要的还是与整体的协调统一。

不同的空间应选用不同的色彩基调,在设计的初始就要有一个完整的构思,即"空间—环境—人"三者之间应相互协调。要营造理想的软环境,还要从满足使用者的需求心理来考虑。只有把人放在第一位,才能使设计人性化。只有对不同的人做深入的研究,才能创造出个性化的室内环境。

(大连非常饰界软装饰公司项目)

小贴士

巧妙结合、色彩点缀

吊灯看似随意的曲线,这种亲近自然的舒适感,最适合用于硬冷的物体之上,而餐桌上的鲜花随形就势给视觉一个过渡,使整个空间变得和谐。整体上将结构的力度和装饰的色彩巧妙地结合起来,色彩和光影上的连接和过渡非常流畅、自然。

小贴士

在视觉上"寓多样于统一"

（大连亿达东方圣荷西项目样板间）

（大连亿达东方圣荷西项目样板间）

　　通过光线的明暗对比、色彩的冷暖对比、材料的质地对比、传统与现代的对比等，使风格产生更多层次、更多样式的变化，从而演绎出各种不同节奏的生活方式。调和则是将对比双方进行缓冲与融合的一种有效手段。整体设计上应遵循"寓多样于统一"的形式美原则，根据大小、色彩、位置使之与家具构成一个整体，营造出自然、和谐、统一的艺术风格和整体韵味,成套定制或尽量挑选颜色、式样格调较为一致的家具,加上人文融合,进一步提升环境的品位。

小贴士

创造稳定与轻巧的感觉

(大连亿达东方圣荷西项目样板间)

稳定与轻巧几乎就是人们内心普遍追求居室美的写照。以轻巧、自然、简洁、流畅为特点，将曲线运用发挥得淋漓尽致的洛可可式家具，在近年的复古风中极为时尚。稳定是整体，轻巧是局部。在设计中应用明快的色彩和纤巧的装饰，追求轻盈纤细的秀美。黄、绿、灰三色是主要色彩。所有的布置都是为了最终形成稳定与轻巧的完美统一。

小贴士

营造现代时尚气息

在下图的客厅中，除了以米白色作为主色调外，设计师通过沙发、抱枕和花艺色彩运用，让"湖蓝"与"桃红"这两种极具冲击力的颜色同时出现，带来强大的视觉张力，一盏意大利后现代主义的白色吊灯，优雅之余散发着几分华美。下页图的进门玄关，放置一个法式黑白格鞋柜，映射出了后现代的时尚气息。

该客厅的配色表现出轻巧、自然、简洁、流畅的特点。

法式黑白格鞋柜,是一件极具艺术感的家具。

小贴士

在简单色彩中营造出别致的前卫

（菲莫斯家居软饰集团京新天地样板间配饰方案）

小贴士

黑白条、金属灯、白瓷器、质感十足的地毯,使整个空间充满趣味性。

（菲莫斯家居软饰集团京新天地样板间配饰方案）

2.2 居室色调与软装饰色彩配置效果

软装饰色调的确定由多种因素决定,它既包含了色彩规律、节奏的法则,还与室内功能、居室的大小以及季节气候变化有关。

居室的玄关和走廊可采用生动活泼的暖色,可避免这些地方因光照不足所产生的阴沉与沉闷的气氛,也能给归家的主人以及来访的宾客以热情大方的感觉,留下一个不错的第一印象。

客厅是接待客人和家庭日常活动的地方,可以运用庄重深沉的颜色,也可以是活泼明快的色调,最好以奶白、驼灰等色为背景,再搭配一些色彩鲜艳的摆设物品,这样既不失单调,又不纷杂。

卧室应采用柔和、宁静、温暖的色调,避免大面积强烈对比色的运用,过于鲜艳、刺激性强、明度太高的色彩会直接影响到人们的情绪稳定,且不利于休息。老人房间使用蓝、绿色也许更适合;至于儿童房,可选用活泼明快、对比强烈的色调进行装饰。

蓝、绿色调的房间给人宁静、安稳之感。

现代居室的色彩多样缤纷，无处不在。

色彩鲜艳的摆设物品体现出"女性主张"。

淡淡的紫色摆设，让人联想到普罗旺斯的薰衣草。

以奶白、驼灰等色为背景的房间给人宁静、安逸之感。

具有强烈中式色彩的现代装饰摆件

3 软装家具陈设

家具在室内占地面积一般可达到30% ~45%。由此可见,家具是整体居室装饰中非常重要的一部分。事实上,居家生活的每一个细节都与家具密切相关。特别是一些大件家具,如沙发、床、餐桌、书柜的风格特色、尺寸造型,都将决定整体居室装饰的基本调性、空间结构。故选择软装产品应先选家具,再选灯饰、布艺、各种饰品、装饰画、装饰毯等,整体搭配协调。

3.1 家具的美感

1)家具的风格美感

家具的风格可以理解为由造型、质感、色彩、尺度、比例等因素反映出来的总特征。它在一定程度上反映了一个国家的经济、文化水平,体现当地人民的风俗习惯、审美观和兴趣爱好。它对形成居室环境气氛和表现特定的意境具有至关重要的作用。家具的风格,有的豪华富丽,有的端庄典雅,有的奇特新颖,有的则具有浓郁的乡土气息。按家具风格划分可以分为:现代家具、后现代家具、欧式家具、美式家具、中式家具、新古典家具、古典家具、韩式家具、日式家具、简约家具、田园家具、新装饰家具。

(1)欧式古典风格

"金碧辉煌"是对欧式古典风格最贴切的形容。该风格的家具产品追求外观华贵、用料考究、内在工艺细致、制作水准高超,更重要的是它包含了厚重的历史感。家具框架的绒条部位常饰以金线、金边,墙壁纸、地毯、窗帘、床罩、帷幔的图案以及装饰画或物件都为古典式。这种风格的特点是华丽、高雅,若不想花费太大,可在墙纸、地毯、窗帘及床罩的图案上多花点工夫,力求达到各种摆设和装饰相互协调。有条件者还可以在墙上添加一些有古典味的饰品,如牦牛头、西洋钟等,这都可以让您的居室变得更为优雅美观。

欧式古典家具(LPL 阆品集团项目)

(2)北欧风格

北欧风格家具向来以简约著称,具有很浓的后现代主义特色,注重流畅的线条设计,代表了一种时尚、回归自然,外加现代、实用、精美的艺术设计风格,反映出现代都市人进入新时代的价值取向。北欧人有着特殊的造型天赋,如丹麦设计在家具王国里堪称经典;

欧式古典家具(LPL 阆品集团项目)

欧式法国古典家具(LPL 阆品集团项目)

瑞典人善于制造摩登;芬兰人翔动着自然灵感;挪威人崇尚厚重与质朴。他们在风格上都有其共性的一面,但也体现着不同的个性。木材是北欧家具所偏爱的材料,此外还有皮革、藤、棉布织物等天然材料,也常采用新型材料及人工合成材料,北欧人就曾经利用镀铬钢管、ABS、玻璃纤维等人工材料制造过许多款经典家具。

北欧风情家具

(3) 后现代风格

后现代风格以时尚、奢华、唯美为主打,摒弃了传统欧式风格的繁琐,融入了更多的现代简约与时尚元素,渲染出居室的温馨与浪漫。如下图所示的座椅,弧线优美镶着金银箔的雕花美腿、闪耀着丝绸般温润光泽的毛绒布面、耀眼夺目的水晶钻扣、低调奢华的压纹牛皮等,在聚光灯的照射下,呈现出或典雅绚丽,或奢华柔美,或超炫酷感的个性魅力……

弧线优美的座椅

(4) 现代简约风格

现代简约风格是一种比较时尚的家具风格,是用现代的材料制作的,外观款式比较现代、简约,更适合现代人的口味,特别是年轻人。现代家具变化的速度很快,主要体现在颜色和款式上,家具也有流行色,例如前两年比较流行胡桃色,今年流行的是黑檀和橡木色。

现代简约风格已经大行其道几年了,但仍然保持很猛的势头,这是因为人们装修时总希望在经济、实用、舒适的同时,体现一定的文化品位。现代简约风格不仅注重居室的实用性,而且还体现出了工业化社会生活的精致与个性,符合现代人的生活品位。

低调奢华的成组皮质沙发

古典贵妃椅造型的后现代风格沙发

小贴士

金属是工业化社会的产物,也是体现现代简约风格最有力的手段。各种不同造型的家具,都是现代简约派的代表产品。

现代家具(LPL 阁品集团私人住宅项目)

小贴士

空间简约,色彩就要跳跃出来。苹果绿、深蓝、大红、纯黄等高纯度色彩的大量运用,不单是对简约风格的遵循,也是个性的展示。

现代家具(LPL阆品集团北京绿城御园)

小贴士

强调功能性设计,线条简约流畅,色彩对比强烈,这是现代风格家具的几项突出特点。此外,由于大量使用钢化玻璃、不锈钢等新型材料作为辅材,所以现代风格家具常常给人带来前卫、不受拘束的感觉。由于线条简单、装饰元素少,现代风格家具需要完美的软装配合,才能显示出美感。例如,沙发需要靠垫、餐桌需要餐桌布、床需要窗帘和床单陪衬,软装到位是现代风格家具装饰的关键。

现代家具(LPL 阆品集团北京绿城御园)

(5)中国传统风格

中国传统风格家具融汇了庄重与优雅的双重特点,主要以明式家具为代表,其造型敦厚、秀丽端庄、讲究对称、刚柔相济、格调高雅,主要选用花梨、柚木或水曲柳、黄菠萝等高档木材制作,色泽深重、表面光洁。这一类家具,可划分为京作、苏作和广作。京作指北京地区制作的家具,以紫檀、黄花梨和红木等硬木家具为主,形成了豪华气派的特点。苏作以明式黄花梨家具驰名,它的特点是造型轻巧雅丽,装饰常用小面积的浮雕、线刻、嵌木、嵌石等手法,喜用草龙、方花纹、灵芝纹、色草纹等图案。广作家具的特点是用料粗壮,造型厚重。

庄重、典雅的中国传统家具(品辰设计)

造型优美、选材考究、制作精细的明式官帽椅(品辰设计)

经过简化设计的传统家具依然散发着经典的魅力

(6) 东方民族风格

东方民族风格家具特点是端庄稳健、雍容典雅,主要泛指亚洲的家具风格。它源于中国古代家具和印度、日本等佛教国家的家具,如日本的和式家具、印度的佛教与伊斯兰教传统的家具。东方风格的家具造型讲究对称匀齐,重雕琢运线,并常饰有金碧辉煌的寓意图案。

近年逐渐流行的东南亚豪华风格是一种结合东南亚民族岛屿特色及精致文化品位相结合的设计风格,崇尚自然,原汁、原味。东南亚家具大多就地取材,比如印度尼西亚的藤、马来西亚河道里的水草以及泰国的木皮等纯天然的材质。东南亚风格的搭配虽然风格浓烈,但千万不能过于杂乱。材质天然,木材、藤、竹成为东南亚室内装饰首选。

日式设计风格直接受日本和式建筑影响,讲究空间的流动与

东南亚式家具崇尚自然,原汁、原味

日式家具颇具禅意

分隔,流动则为一室,分隔则分几个功能空间,空间中总能让人静静地思考,禅意无穷。传统的日式居室将自然界的材质大量运用于居室的装修、装饰中,不推崇豪华奢侈、金碧辉煌,以淡雅节制、深邃禅意为境界,重视实际功能。日式风格特别能与大自然融为一体,借用外在自然景色,为室内带来无限生机,选用材料上也特别注重自然质感,以便与大自然亲切交流,其乐融融。

端庄稳健的现代日式居室风格

(7)西方古典风格

西方古典风格主要指经典、严谨的罗马样式,其主要构件多模仿西方古典建筑的顶盖、拱门、柱子的样式制作。最常见的是充满宗教气氛和严肃神秘色彩的哥德式,其结构多数是框架镶板,装饰纹样多数采用旋涡形的曲线和植物形,有些雕刻精巧的还借用了哥德式建筑的形式,线条挺拔,并以常见的哥德式建筑的尖项作装饰。此外也有强调线型变化、风格豪华的巴洛克式,常用猫脚椅腿和花瓶椅背,甚至镀金、镶嵌象牙;还有极尽装饰之繁琐、色彩之华丽、多用曲线和雕饰的洛可可式,等等。

(8)美式家具风格

美式家具特别强调舒适、气派、实用和多功能。美式家具可分

雍容华贵的组合家具使整个欧式氛围分外浓郁

洛可可式贵妃椅

为三大类:仿古、新古典和乡村式风格。怀旧、浪漫和尊重时间是对美式家具最好的评价。美式的沙发、座椅会做得更大、更宽阔,也更舒适安逸,具有极强的个性。但美式家具体现的也不仅仅是

宽大的西式古典家具非常适合宽敞的房间

怀旧、浪漫,它可以更好地表现一种原汁原味的美式生活。由其所形成的美式居室风格近年来也是受到大肆青睐,因为它可以让人回归到舒适、放松的生活状态之中,在舒适与经典中寻找到完美的平衡。相较其他风格,美式家具最独特的就是"做旧工艺",即在家具表面故意留下刀刻点凿的痕迹,使家具散发出一种怀旧的历史感。另外,经过做旧处理的家具还可体现出材质的自然之美,毫不造作的原始美感也使家具显得更富有生活化的气息,格外耐人寻味,从而适于营造出舒适、休闲、放松的生活意境,并带着浓浓的自然风味和岁月传承感。

2) 家具色彩美感

色彩是家具基本构成要素之一,也是体现家具美感的重要环节。一般来讲,家具给人的第一印象往往是一瞬间凝视的色彩配合效果:或是华丽,或是朴素,或是明,或是暗。因此,色彩对于家具的美化和装饰作用不可低估。

岁月的痕迹在美式家具上体现得淋漓尽致

乡村风格的美式家具

　　进一步讲,基调是构成家具颜色的重要环节,即它能体现色彩在家具中的整体效果。一套家具通常以一种色彩为主调,另外辅之以其他色彩作为衬托。这样,既可以在大面积的色彩中配以少量对比色,也可在对比色中糅合一些中间色,或借助另外一种颜色稳定其他色彩。家具的色彩使用,首先应考虑家具的具体实用功能,然后根据功能而选择色彩。因为,不同的色彩对人能产生诸如激奋、温和、柔情、爽快等不同的心理感受。如卧室家具使用偏暖的色调,会增强家庭和睦、温暖的气息,而餐室家具则要选用带有能增加人食欲的色彩,如黄油色等。其次,应注意色彩在家具上的层次变化,根据家具的体量关系慎重选用色彩。如在大面积的地方用明快的色彩以减弱其笨重感,使其显得轻快;而对于那些点缀性家具而言,可用一些较强的色彩来增强其重量感。总之,色彩明度的不一,反映在家具上会产生不同的"重量感"。

偏暖色调家具(大连非常饰界)

另外,家具在居室中的布置,还要考虑用色是否合理的问题。不同朝向的家具受采光的影响,其色彩也会有变化。而且,家具和其他材料的质感还应有一种呼应关系,以达到居室的完整感。不同质感的材料对光的反射程度也各有差异。如织物与油漆,金属与塑料等都有冷、暖、深、浅的变化(如下面两图所示)。同时,家具的色彩还应根据空间大小而相应有所变化。如宽敞的空间使用强一些的暖色调,可以丰富和充实空间;而窄小空间偏重运用冷色调或浅颜色,可弥补空间的不足。在此,色彩也具有一定的流行性。如在家具的"白色浪潮"时期,人们通过观察和认识,从单一的"光亮"家具转向"亚光"的家具,即是人们心理、生理感受在家具上的反映。

金属与白色混油的结合(大连非常饰界)

床品织物与亚光木色、塑料灯罩的搭配(大连非常饰界)

　　在室内空间的各界面和陈设品的色彩设计中,常常使用对比色进行整体空间环境的组织。室内三大界面(天花、地面、墙面)的色彩通常被称为背景色,背景色可以对空间主体物的色彩起到衬托作用,而作为衬托的色彩,背景色的纯度应有所抑制,以避免喧宾夺主。而家具、织物等较大面积的室内陈设的色彩,形成室内空间的主体色彩,它们的选择要与背景颜色形成一种弱对比关系,形成空间色彩的协调、统一。其他小体量的室内家具与陈设,以及界面中局部小面积的装饰点石空间的点缀部分,其色彩选择要与主体色彩形成较强的对比关系,既能够使空间充满灵气,又可以突出装饰品。这样便能够形成总体空间环境大统一小变化的适度美感(见下页图)。

大尺度家具与背景弱对比关系(大连非常饰界)

小尺度家具与背景弱对比关系（大连非常饰界）

　　家具色彩可以确定居室色彩环境中的主色调。家具主色调主要有以下两种情况：一种明度、纯度较高，其中有表现木纹、基本不含有颜料的本色或淡黄、浅橙等偏暖色彩，这些家具纹理明晰、自然清新、雅致美观，使人能感受到木材质地的"自然美"，如果采用"玉眼"等特殊涂饰工艺，木材纹理能更加醒目怡人。还有遮盖木纹的象白、乳白色等偏冷色彩，明快光亮、纯洁淡雅，使人领略到家具材质的"工艺美"。这些浅木本色家具体现了鲜明的时代风格，已越来越为人们所青睐。

表现木纹本色（LPL阆品集团设计项目）

象牙白做旧遮盖木纹(LPL 阆品集团设计项目)

　　另一种明度、纯度较低,其中有表现贵重木材纹理色泽的红木色、橡木色、柚木色或粟壳色、胡桃木色等偏暖偏暗色彩,还有咸菜色、青绿色等偏冷色彩。这些深色家具显示了高雅自然、古朴凝重、端庄大方的特点。

木质深色家具(LPL 阆品集团设计项目)

一般成套家具的色彩是一致的,力求单纯,最好选用一种或者两种颜色,既能强调本身造型的整体感,又易和室内色彩环境相协调。如果在家具的同一部位上采取对比强烈的不同色彩,可以用无彩色系中的黑、白或金银等光泽色作为间隔装饰,使之过渡自然,对比协调,取得既醒目鲜艳又柔和优雅的格调。

无彩色系的黑白家具(LPL 阅品集团设计项目)

色相环中相隔八九个数位的两种颜色,称为对比色关系。对比色的色相感鲜明,各种颜色相互排斥,能体现一种活跃、明朗的效果。对比色协调是色相对比之间的冲突与对立所构成的一种和谐关系,在应用中,这种色组协调可以通过处理主色与次色的关系实现,也可以通过色相间秩序排列的方式实现。对比色的运用,其关键在于组织好各种色彩的面积搭配。如万绿丛中一点红的比例关系,对色彩的面积悬殊的组合关系,构成了视觉体验空间的互补性,产生了强烈的视觉冲击力,在刺激中求得平衡与满足,产生一种动人心魄的美,是变化与统一的控制律审美原理的体现。

红与黑的色彩搭配,颇具视觉冲击力

3.2 家具选购原则

①尽可能地不超出预算。装修房子,强调最多的就是预算。在选购家具环节,首先要说的仍然是预算。有人说,预算就是用来超的。这个概念大错特错,如若实际支出偏离预算太多,那还不如不做预算。一般而言,现在硬装与软装在整体装修过程中的资金占比约为"五五"对分,即 5 万元的硬装搭配 5 万元的软装,而在这之间,软装比重又以卧室占大头,当然你也可以按照实际需求适当调整。这里的软装修是大概念,包括家具、床品、窗帘、灯具、地毯、锅具,等等。做了预算,这个问题就很好解决。首先,如果购买一套餐桌椅,后面的预算缺口会有多少;其次,这套餐桌椅和自家的风格匹配程度如何;最后,如果买了它,超出的预算能否在后面补

回来,即牺牲其他方面。利弊结合起来看,结果就在自己心中。

②风格定位。先定装修风格还是先定家具风格,这是有争议的。有的人认为应该先把装修风格这个"大头"定下来,后面的家具就照这个风格选。但实际上,也有很多人选择先定家具风格,再确定装修风格,效果也很不错。你可以不急着买,但你要知道自己想要什么风格的家具。只有当你定下哪种家具风格后,你才会发现原来自己是喜欢这样风格的房间,装修风格也自然水到渠成。那么假若你在装修前没有定下家具的风格,现在你只有一个选择:跟着装修风格买家具。但是家具种类太多,看得眼花怎么办呢?即使是田园或现代风格,也会有很多品牌选择,实在不知道如何选? 其实确定家具风格也有个原则,在大风格的前提下找准主线。譬如喜欢田园风格的,卧室就先确定喜欢公主铁床还是木质床;喜欢现代简约风格的,客厅确定选择真皮沙发,还是布艺沙发。选好主线之后,其他再跟着主线走,这样一来,选定家具风格也不是件困难的事情。

③在确定预算选定风格后,就可以实际选购了。不少人会选择家具卖场里的成品甚至打折样品,这种商品往往有两点好处:一是你可以即看即拿,也就是说,你看到的东西和你买回家的一样。二是没有气味,因摆放时间较长,有害气体基本挥发完毕,对健康而言也是好处多多。如果房型过小或过大,有些家具就需要订做了。订做之前也需要做些功课,首先要在家里量好空间尺寸,并且充分预留空间。对于特定空间的家具,一定要请选定品牌的家具厂商来量尺寸。订做家具的优点是可以满足业主的个性需求,譬如有的人喜欢抽屉多一点,有的人喜欢拉门多一些,这些都可以在请厂家订做时加以满足。成品的缺点是可能会有细微的瑕疵,譬

如螺丝松动等,并且有些成品可能是打折产品,一则没法按需定做,二则有可能不退不换,选择时尽量多摸多看。而订做家具的缺点就是实际成品往往和样品有差异,包括色差、材质等,因此在交付押金时,应尽量将自己的要求清楚地记录下来,以便将来出现矛盾时有据可查,收货时也要当面验清,不符合自己要求的当场拒绝。

④家具的平、立面尺寸要和房间面积、高度相吻合,以免所购家具放不下,或破坏了已构思好的房间布局。选购家具前,先要量一下居室内的空间尺寸(长、宽、高),然后设计好居室的总体布局和所需的家具品种、功能、款式、色调、数量,这样选购时就目标明确,省时省力。

⑤除了整套家具外,还要配置餐桌、餐椅、沙发、茶几等家具。所以,事先要了解配置单件家具的颜色、式样和规格,以免日后难以配套,而且要注意家具的实用性,切忌华而不实。

3.3 家具布置实例

①实用性与装饰性的统一。现代生活需要的是舒适、轻便、实用、轻巧、多功能或组合式的家具。尤其从目前国内的实际生活水平来看,选择实用性与装饰性强的家具更为合适。讲实用就是要把适用性摆在第一位,使配置的家具合理、耐用并能巧用、多用。如把电视机放在组合柜上,并以此为中心布置一套组合沙发,无疑是舒适、合理的;把书桌与梳妆台合在一起,可以节约小卧室的面积,这是很划算的。所以,现代居室家具不仅在色彩、造型以及材质设计上都非常讲究装饰性,而且它对实用性的要求同样重要。

组合衣柜和电视的完美结合(大连亿达项目样板间)

集多种功能于一体的梳妆台(大连亿达项目样板间)

②家具配置要与室内装饰风格协调。家具既是家庭日常生活必需品，又是室内的主要装饰品，所以在配置家具时一定要与居室装修风格相协调。如果把居室设计成古典式样，就应选用传统式样的家具；如果把居室设计成现代设计风格，则应配置造型简洁、中性色调的组合式成套家具。盲目地配置家具，效果往往适得其反。

欧式书桌与欧式风格环境统一协调(大连亿达项目样板间)

现代风格书桌与现代风格环境统一协调（非常饰界项目样板间）

③家具色彩要与总体色彩协调。家具自身的色彩是构成居室色彩的重要部分，对居室的装饰效果起着决定性的作用。家具的色彩应与墙面、地面，还有床罩、窗帘等色彩相协调，另外还应与主人的性格、爱好、年龄相符。浅黄色、本色家具充满青春活力，这与青年人蓬勃向上的进取心相一致，因此特别受青年人喜爱。而对于老年人，他们常怀念于逝去的岁月，总希望在居室内看到或回想到自己所走过的岁月留下的痕迹，因此他们更喜欢深色家具，特别是古典仿红木家具。

青年人喜好的居室风格(非常饰界项目样板间)

老年人喜好的居室风格(大连亿达项目样板间)

④家具配置应考虑居室环境的需要。据统计,一套家具要占整个居住面积的45%左右,如何使家具配置得当,要根据每个家庭的居室环境来决定。首先要看房间的形状和大小,以及适当的通风和自然采光条件,还有行走和活动的需要,因地制宜地进行布置。比如,写字台、沙发等低矮家具应放在室内光线最佳的窗口附近。高大的柜橱应靠墙摆放,不能影响通风及行走。另外家具的高低大小应搭配均衡,不能杂乱无章地摆放,使人产生轻重不匀、失去平衡的感觉。

高大家具与低矮家具摆放方法(大连亿达项目样板间)

一般来说,居室面积和高度较小的住房,可考虑选配多用途的组合式家具,并靠墙边布置,使其既不占用较大的空间,又能方便生活和学习。居室面积较大时,可以选择较大的家具,数量也可以多配些。家具太少,容易造成室内的空荡感,增加人的寂寞感。数量更应根据居室面积大小而确定,切忌盲目追求家具的件数与套数,要力求使家具的配置与居室面积相和谐,这样就能显现其应有的美感。

大开间的家具配置实例(大连亿达项目样板间)

　　住房开间较窄时,可由门后开始大体上按由高到低的顺序排列家具,以造成视觉上房间显得较宽敞。餐厅面积较小可选用折叠的金属骨架结构的餐桌椅。卫生间水汽重,要选用塑料或不锈钢家具以防止其受潮变质。卧室里则应选木质家具,相对其他材料的家具更柔和些。

卧室宜用木质家具(大连非常饰界设计)

4 软装织物

4.1 装饰织物的种类与作用

　　装饰织物,是居室布置的重要组成部分,也是人们生活中必不可少的物品。按它的品种分,主要有窗帘、门帘、帷幔、床上织物、地毯、家具蒙饰、织物壁挂、靠垫、沙发巾、台布、茶巾、浴巾、餐巾、信插袋、挂饰、吊织物、软雕塑等;按类型划分,主要有墙面贴饰类装饰织物、家具覆罩类装饰织物、地面铺设类装饰织物、窗帘帷幔类装饰织物、床上用品类装饰织物、卫生盥洗类装饰织物、餐厨类装饰织物及其他装饰、陈设类装饰织物。

　　其原料构成有两类:一类为天然制品,如棉、麻、丝、毛制成的织物;另一类为人造制品,如聚酯、人造丝、玻璃丝、腈纶和混纺织物。由于原料、织法和工艺等的不同,织物的品种丰富多彩,其特性和用途也相去甚远。为此,居室装饰织物的选择与设计必须有整体观念,孤立地评价织物的优劣是没有意义的,关键在于整体的搭配。选择不同类的织物以适合不同的用途,是居室软装饰的重要内容之一。

　　总之,织物柔软、细腻、美观、精致,对人们情感具有安抚和体贴作用,最能体现生活的内容,体现家的概念。织物的舒适、清爽、柔软、温暖会将人们引入一个宽松、自由、休闲的空间,让人们尽情享受生活带来的乐趣。为此居室装修的重点越来越趋向于对布艺的装饰。窗帘、床单、枕套,以及沙发巾、台布、椅套、地毯等精心布置和独特的创意,可令居室韵味十足,雅致舒适,在细节之处体现主人对家的眷恋。织物装饰简单易行,花钱不多,装饰效果好,另外可及时更换,从而变换居室的装饰环境和居住心情。

1) 织物装饰的实用性

织物装饰还具有防寒、保暖、防潮、保洁、减少噪音等实用的多样功能。一般说来,在居室内如果没有织物装饰,那将是一个冷冰冰的生硬呆板的环境。例如地毯可以给人提供一个富有弹性、防寒、防潮、减少噪音的地面;窗帘可以调节室内温度和光线,隔音并遮挡视线;装饰织物覆盖物可以保洁、防尘和减少磨损,门帘、帷幔等可以挡风和构建私密空间,墙面和顶棚采用织物装饰可以改善室内音响效果,等等。可见,织物装饰的实用功能还真不少。

交换空间栏目设计前

2) 划分和联系室内空间的作用

用织物装饰划分和联系室内空间是居室软装饰的一个重要手

交换空间栏目设计后

段。在同一空间内,有无地毯或者地毯质地、色彩的不同,就可使地毯上方的空间从视觉上和心理上被划分出来,形成领域感。这样,一块地毯的上方空间就能形成一个活动单元,有时甚至可以成为室内的重点。

用帷幔、帘帐、织物屏风划分室内空间,是我国传统室内设计中常用的方法,具有很大的灵活性、可控性,提高了空间的利用率和使用率。

人们只有在与自己身体比例协调,具有安定性、私密性的空间内,才真正意识到自我的存在,并感到舒适安逸。比如中国南方流行的架子床,用帘帐围成一个小小的私密空间,由于织物的透气性和纱帐那种半透明状,既能使这个睡眠小空间不完全封闭,且能阻挡蚊子的侵袭和外人的视线,这是织物装饰的一个重要作用。

3)衬托作用

织物装饰在居室装饰中的衬托作用是不容忽视的。现代居室中织物装饰运用的比重很大,如窗帘、床上织物、桌布、地毯、织物

帘幔围合的虚空间(大连非常饰界设计)

壁挂、沙发面料等,在整个居室中的覆盖面占 1/3～1/2,如果在以织物为主的设计基础上,再在顶棚及墙面上大量运用织物装饰,那么它的比重就更大了。由于织物装饰的衬托作用再加上织物装饰本身的质地、色彩、图案、款式与居室的总体风格相协调,可使整体装饰效果更具有层次感。

织物装饰的协调性(大连亿达项目样板间)

4)调整作用

由于织物装饰在居室装饰中受建筑结构的制约性不大,同时织物装饰的色彩、图案、质感等有很大的灵活性,我们可以利用织物装饰这一优势对室内许多不理想的地方进行适当调整。比如,利用织物图案给人的错觉,对空间造型进行调整,较矮的空间可以采用带有竖向线条图案的窗帘和壁布,让房间看起来显得高些。

织物装饰的协调性(大连亿达项目样板间)

如果室内空间较小,宜采用色彩淡雅、图案较小、布质较为疏松的织物装饰。如果家具的布置或造型有些呆板,可选用图案和色彩活泼的织物,有助于打破呆板的局面。对于较零乱的室内布置可以用统一色彩、肌理或图案的织物起统帅作用,取得整体感;再用不同造型、不同色彩的靠垫来加强室内静感或动感。如果室内建材过于生硬粗糙,也可以增加一些织物起到调和作用,同时增加质感的对比。此外,利用织物柔软和吸音的特点,还可以用来调整室内的声光效果。

5）装饰作用

织物装饰在肌理、色彩和图案方面的表现力是极为丰富的。肌理是织物装饰本身所具有的重要特性，从光滑的丝织物到织纹

织物装饰的协调性（大连非常饰界设计）

起伏明显的毛织物,其变化异常丰富,能给人以美感。对这一特性,室内设计师们已充分利用,并随之产生了一种新的装饰主张:"把室内装修的工作减到最少的程度,色彩也力求简洁、纯朴、淡雅。"对于所谓的"单调枯燥",可以通过选择不同布料的不同肌理质感来调和,使后者成为丰富室内空间的重要内容,创造出"简约平淡就是美"的装饰意境,这也成为了新近的装饰主流风格。除了织物之间的质感、肌理对比外,织物与室内其他物体,如家具、墙面、地面、顶棚及其他装饰面的肌理对比,也是丰富室内艺术性的重要手段。比如长纤维的粗毛地毯与光滑透明的玻璃桌面的对比,呢料沙发面与光洁的木扶手的对比,柔软的床单与坚硬光亮的金属床头的对比,丝质窗帘与粗纹壁布的对比,等等。

当然,在强调织物肌理的同时,织物的色彩美也是不能忽略的。织物在色彩上,一方面将墙面作为自己的背景色,另一方面也会成为卧具及餐具、工艺品的背景色,因此织物色彩往往比其他物面的色彩更有感染力,人们可以从和谐悦目的色彩中产生美的遐想。

4.2　居室装饰织物选配实例

1)墙面贴饰类装饰织物

(1)挂饰

在柔软的壁纸装衬下,铁艺挂饰的抽象造型显得更加生动、形象;软材质与硬材质之间的对比鲜明,而又不失统一。
(大连非常饰界设计)

床头上的挂幔,在壁纸和床品的装衬下,显得十分活泼、灵动,把空间又重新分割开来。
(大连非常饰界设计)

用鹅卵石制成的装饰画,本身就独一无二,加上每块石头都有自身的形状、颜色、纹理的变化,因此具有极强的装饰性。
(大连非常饰界设计)

配合厨房的气氛,用绿豆、饭豆、大料等平时吃的五谷杂粮,把同颜色的豆子谷物粘在相应的格内,这样的装饰画更有种天然的感觉。
(大连非常饰界设计)

根据室内空间功能的特性,选择了与酒相关的物品进行组合,从而强化了该空间的功能,并且为单调的空间增添了生活情趣。

(大连非常饰界设计)

（2）吊织物

用钢丝把水晶串起，排列成圆柱形，让空间中有了视觉的焦点。再配合照明，更突显了水晶的特质。（大连非常饰界设计）

用水晶挂饰来分割空间，使背景墙增添了一份情趣。不仅让空间显得通透，还让呆板的空间立刻生动起来。（大连非常饰界设计）

运用珠帘来划分空间是室内设计师常用的形式。珠帘可以有效地将不同功能的空间进行分割,视线又可保持通透,具有极强的装饰性。

（大连非常饰界设计）

(3)软装壁纸

背景墙的壁纸是欧式的典型图案,它与空间中的家具协调统一。深色的壁纸让展柜上的雕塑更加突出。

（大连非常饰界设计）

体现儿童特点的壁纸装饰，趣味性十足。（大连非常饰界设计）

美式的家具搭配带有花草图案的壁纸，强化了美式田园风格的特征，给人自然、质朴、温馨、浪漫的感觉。

（大连非常饰界设计）

壁纸与纱幔的搭配,加之灯光的渲染,让整间卧室充满宁静、舒适的感觉。
(大连非常饰界设计)

背景墙采用了手绘图案的丝绸壁布,格外突出了装饰效果。
(LPL阅品集团设计)

儿童房装饰宜选用色彩明快、图案活泼的壁纸，以突出鲜明的空间特点。
（大连非常饰界设计）

2）家具覆罩类装饰织物

（1）沙发布

碎花图案的沙发布是美式风格居室的一个重要"符号"。
（大连非常饰界设计）

深浅对比、图案简洁的沙发布体现了现代简约的居室风格。
（大连非常饰界设计）

壁纸与沙发布和谐、统一,体现出软装饰设计的
一个重要原则——协调。(大连非常饰界设计)

♥ 小贴士

　　要想营造田园风格的家居空间,碎花布艺沙发是必不可少的
设计元素。在选择图案时,应与壁纸花纹相协调,颜色不易过艳,
才能体现清新、素雅的自然风情。

美式风格的居室宜选择图案丰富、花色柔和的沙发布。
（大连亿达样板间设计）

（2）座椅布

藤蔓图案的座椅布勾勒出低调奢华的餐厅氛围。
（大连非常饰界设计）

以"花"为主题的座椅布、壁纸以及墙面装饰品，让整个房间沉浸在一派浪漫之中。
（大连非常饰界设计）

美式座椅特有的标志性花卉图案。(大连非常饰界设计)

现代欧式的居室氛围通过座椅布、壁布等软装饰细节,表现得淋漓尽致。
(大连亿达样板间设计)

(3) 桌布、餐巾

桌布、咖啡、杂志和鲜花,将露天花园的生活氛围勾画得如此惬意而随性。
(大连非常饰界设计)

简约的方块餐巾把餐具烘托得格外精美。(大连非常饰界设计)

桌骑也是一种装饰感较强的桌布。(大连非常饰界设计)

桌布、餐巾巧妙地成为了一种软装饰手段。(大连非常饰界设计)

深色的餐垫衬托了浅色餐具的质感。（大连非常饰界设计）

美观别致的餐具和餐垫大大增加了食欲。（大连非常饰界设计）

运用宝石蓝色的餐垫作为装饰,给本来略显素净的空间带来了生机。
（大连亿达样板间设计）

（4）几布

棉麻质地的几布体现出粗犷、怀旧的装饰感。
（大连非常饰界设计）

3）地面铺设类装饰织物

（1）客厅地毯

异域情调的地毯几乎铺满整个客厅，成为软装饰"主角"。
（大连亿达项目样板间）

深色尼龙地毯比较耐磨、抗污、防滑,适用于阳台类空间。
（大连非常饰界设计）

松软的白色羊毛地毯增加了美观性与舒适感。
（大连非常饰界设计）

黑白相间的地毯看起来非常醒目，有很强的装饰性，使圆桌成为整个空间的视觉中心。（大连非常饰界设计）

古典风格的茶几与沙发，宜搭配图案较繁复的地毯。（大连非常饰界设计）

客厅的方块地毯将区域感勾画得十分明确。（大连非常饰界设计）

仿古砖地面宜搭配色调质朴的地毯,以强调居室的怀旧氛围。
(大连非常饰界设计)

"花团锦簇"的地毯让整间客厅充满华丽感。(大连非常饰界设计)

（2）餐厅地毯

厨房地毯的选择既要考虑美观性，更要重视实用性，如抗污、防滑等特点。
（大连非常饰界设计）

(3)床前地毯

毛绒质感的地毯给人温暖的感觉,很适合用在卧室;华丽的颜色与床饰的搭配,感觉就像一位雍容华丽的贵妇。(大连非常饰界设计)

床前的羊毛块毯集美观实用于一体。（大连非常饰界设计）

床前地毯应具有柔软、细腻、美观的特点。（大连非常饰界设计）

床前地毯的大小应根据卧室面积灵活选择。（大连非常饰界设计）

床前的灰色毛毯在质感上是床上白色毛毯的延续，在颜色上为整个空间增加了一个层次，软化了黑与白的强烈对比，使空间显得更加柔和。（大连非常饰界设计）

小块床前圆毯增加了儿童房的活泼气氛。(大连非常饰界设计)

（4）门毯

玄关应选用防滑、耐磨、防污性好的材料的门毯。
（LPL 集团公司设计）

（5）卫生间垫毯

卫生间垫毯的选择首先考虑的就是防滑性，其次才是美观。
（大连非常饰界设计）

4）窗帘帷幔类装饰织物

窗帘的精心布置，会令居室韵味十足。（大连非常饰界设计）

垂感较好的窗帘给人干净、洗练的视觉效果。(大连非常饰界设计)

窗帘和壁纸在图案、花色上追求一致,令居室氛围雅致、和谐。
（大连非常饰界设计）

卫生间的小窗帘不仅起到遮挡视线的作用,同时还是调解洗浴心情的好帮手。
（大连非常饰界设计）

小贴士

绿色的窗帘为空间增添了田园气息，就像长在架子上的枝蔓，因为沙发与地毯的红色掺杂了土灰色，饱和度较低，窗帘也以灰绿色为主，所以虽然是对比色，但同时放在一个空间中，也很协调。

竖线条图案的窗帘能够起到在视觉上增加房间层高的作用。
（大连非常饰界设计）

在面积较小的房间,宜采用色彩淡雅、图案清爽的窗帘。
(大连非常饰界设计)

在洗浴的同时,透过轻薄的纱帘还可以欣赏窗外的风景。
(大连亿达项目样板间)

窗帘与床饰在颜色、花式上都形成呼应，使整个空间显得协调一致。
（大连亿达项目样板间）

用帷幔围合成一个小小的私密空间。（大连非常饰界设计）

5）床上用品类装饰织物

（1）床罩、床单

丝光面料的床品为居室增加了高贵感。（大连非常饰界设计）

床上用品的质地、花色、款式需与居室的总体风格相协调。
（大连亿达项目样板间）

整个空间以白色为主,床罩的蓝色与青花瓷装饰图案相
呼应。

蓝色薄纱床慢不仅增加了空间的围合层次感,还使空间
显得更加神秘。(大连非常饰界设计)

躺在松软的床上，品上一杯香浓咖啡，好好地享受生活。
（大连非常饰界设计）

（2）靠垫

图案丰富的靠垫成为整个空间的点睛之笔。
（大连非常饰界设计）

靠垫上的贝壳小装饰不仅使靠垫本身精巧可爱,也给整个空间带来一丝情趣。
（大连非常饰界设计）

主题相同、图案不同的靠垫,体现的是一种"对比的和谐"。
（大连非常饰界设计）

大花图案的靠垫成为整个空间的视觉焦点,与家具
款式及壁纸花纹十分协调,空间洋溢着田园气息。
(大连非常饰界设计)

靠垫的柔软度要因人而异。（大连非常饰界设计）

♥ 小贴士

运用强烈的质感对比，同样能够成为空间的主角。白色毛绒靠垫虽然没有任何图案，但质感的变化使其在空间中非常醒目。

白色毛绒靠垫很受奢华风格居室的欢迎。
（大连非常饰界设计）

(3) 织物玩具

织物玩具可以平添空间的可爱气氛,适合在儿童房,特别是女儿房中摆放。图中大量的织物玩具与可爱的挂饰相呼应,房间的功能特性非常明显。(大连非常饰界设计)

6）卫生盥洗类装饰织物

土灰色的墙砖略显平淡,搭配浅蓝色的浴巾使空间
显得清新自然,为空间色彩增添了活泼气氛。
（大连非常饰界设计）

小小擦手巾留露出的是爱人间的甜蜜。
（大连非常饰界设计）

雪白的浴巾格外衬托卫浴空间的清爽与洁净。
（大连非常饰界设计）

搭放在不同角落的毛巾体现出主人对生活细节的关注。
（大连非常饰界设计）

鲜艳的红色为浴室空间增加了活力,成为
空间色彩的调节剂,起到了点缀的作用。
（大连非常饰界设计）

5 软装灯饰

5.1 灯饰选择的艺术性

艺术是一种情思,感叹美丽,是对蒙娜丽莎微笑的驻足,是对维纳斯断臂的惊叹,是对春江花月夜的沉醉。古今中外,经典流行,无论是绘画还是音乐,不管历史风潮如何变化,只要独特的内涵继续延续,作品就会俘虏消费者的心。在灯饰创意师的想象中,艺术无处不在,可以是灯罩上的绿叶或花朵,也可以是羊皮纸上的绢绣,还可以是高科技 LED 发光体带来的红、绿、蓝等色彩的竞相变幻。让人在这样的环境中,对艺术充满渴望之情,提升着自己的品位。

装修好的居室,选择一套既能体现个人品位,又与装修风格相匹配的灯具,对每个家庭来说,并不是一件很容易的事情。如今,灯具已不仅仅起到照明作用,而且还有较强的装饰性。在灯具极为丰富的今天,适合家庭使用的各种吊灯、壁灯、吸顶灯、台灯、落地灯、浴室灯、镜前灯、射灯、轨道灯、筒灯、壁画灯、窗帘灯、柜灯、地脚灯等也越来越多地进入了家庭。面对各式各样风格迥异、品质各有千秋的灯具,选择什么样的灯具呢?

如果客厅的高度在 2.7～3 米,最好选择吊灯,但千万不要选择拉杆吊灯,拉杆吊灯要求高度在 3 米以上,否则不安全。吊灯的种类很多,在用料上多选择铜、铝、水晶玻璃、彩绘玻璃等。吊灯的造型有莲花、马蹄莲、小百合等，配上各色的玻璃磨砂灯罩，经过设计师之手，豪华、气派、清新、优雅的吊灯会使客厅更显舒适高雅。

吸顶灯造型简洁，光线柔和，又有节能的特点，适合于卧室。一般来说，卧室里面有两类灯，一类是主灯，一类是助灯。主灯是吸顶灯，助灯包括台灯、壁灯、床头灯。主灯要求光线相对强一些，助灯是根据主人需求，适宜不同的角度，起到局部作用的照明，光线相对弱一些。在卧室中，这两类灯应该说缺一不可。

镜灯、门灯、落地灯、过道灯这些实用性很强的灯具，多以铁、塑料、玻璃、陶瓷等为材料，工艺方面主要是以镀铬、烤漆为主。由于目前技术水平的提高，这一类灯具的款式逐步向回归自然倾斜，并且要求美观、实用、节能。如果您的居室色调较为浓重，您选择的门灯、过道灯、落地灯的造型就要简洁；如您觉得自己的个性无特别之处，家装也一般化，那么选择一种欧式灯具，一定会使您的居室产生意想不到的效果。只有家饰、灯饰相互协调搭配才能成为一个和谐的整体，才能呈现出一个完整的室内空间，这其中，灯饰的"角色"不可忽视。

筒灯、射灯在家庭中也被广泛地应用，新近推出的几款射灯采用了分线安装的技术，一个总开关的射灯分成几组小射灯，根据室内照明的不同需要，任意打开一组或几组小射灯，就能为与亲朋好友畅叙友谊或是与家人共享天伦之乐，营造出温馨亲切的幸福感觉。

浴室、厨房适用的灯有吸顶灯、筒灯等，这类灯具的选择，主要是考虑防潮、防雾。目前市场上正在销售一种防水灯，这种技术含量较高的灯具最适合在浴室使用，使用寿命也长，浴室安装防水灯正在被广大家庭所接受。总之，灯具的选择要与家庭总体装修风格相统一,并注重个人品位和爱好。除此之外,造型设计是否先进,材质的选择和表面处理水平的高低,生产工艺如何,是否达到功能合理、节能安全也是需要考虑的因素。

灯光有两种:暖色光与冷色光。比较明亮的暖色光可以振奋人的情绪;冷色光则可以缓和人的情绪。卧室里为了创造温馨、舒适、和谐的气氛,可选择黄色调或粉色调的暖色光。为了创造适合睡眠的空间气氛,也可选择蓝色调灯光,起到安定情绪的作用。书房宜选择白色的荧光灯,可以提高工作效率。餐厅宜选择柔和的暖色光(如橘黄色),以增进食欲,并营造和睦温馨的家庭气氛,还要求光源具有良好的显色性,使人们易于辨清食物的颜色。既然灯光与色彩密不可分,因此在灯光色彩的选用上应根据室内功能的不同进行选择。如果墙面是蓝色或绿色,就不宜使用日光灯,而应选择带有阳光感的黄色为主调的灯光,这样会给人以温暖感。如果墙面是淡黄色或米色,则应使用偏冷的日光灯,因为黄色对冷光源的反射最短,刺激眼睛较小。如果室内摆了一套栗色或褐色家具,也适用黄色灯光,会使居室变得开阔一点。如果是娱乐室,可选择丰富多彩的灯光颜色(如彩灯)以创造活泼、富有动感的氛围。如果是卧室就不宜选用过多的彩色灯光,闪烁不停、五光十色的灯光会使人烦躁、亢奋甚至精神紧张,妨碍休息和睡眠质量。

5.2 居室各功能的灯饰布置实例

造型新颖、独特的吊灯
本身就是一件艺术品。
（大连非常饰界设计）

床头灯是助灯的一种，
在卧室中同样拥有重要
的地位。
（大连亿达项目样板间）

小贴士

　　带有共享空间的复式大户型,客厅一般选择体积较大的高吊灯。这类吊灯能够使人在感官上降低层高,使空间显得更加亲切。

高挑空间使用的高杆吊灯(大连非常饰界设计)

水晶吊灯强化了空间的主次关系，配合家具的摆放形式，形成集中式的空间层次。水晶晶莹的质感和整个空间的装饰主义风格也十分协调。（大连非常饰界设计）

具有传统韵味的台灯
（大连非常饰界设计）

♥小贴士

床前灯适合选择光线柔和的灯具,夜晚突然打开较强的灯光,会给人带来眼睛不适的感觉。

美式风格的台灯(大连非常饰界设计)

餐桌上方的吊灯应与餐桌面保持1米左右的距离,既保持了美观性,又起到方便进餐的需要。另外,还应该注意选用暖色光源,这样可以使食物的色彩更加鲜艳、诱人,以增加食欲,并营造和睦温馨的家居氛围。(大连非常饰界设计)

卫生间一般分为三个功能区域:洗浴区、如厕区、洗漱区,每个区域都有各自的照明。洗浴区有浴霸及自带照明;洗漱区可设置镜前灯;如厕区可根据空间大小,设置筒灯或吸顶灯均可。(大连非常饰界设计)

多头花朵造型的吊灯(大连非常饰界设计)

此空间没有过多的线脚造型进行装饰,一顶造型别致的欧式吊灯为整个空间增添了装饰细节。
(大连非常饰界设计)

美式台灯（大连非常饰界设计）

欧式宫廷风台灯（大连非常饰界设计）

单头花朵造型壁灯（大连非常饰界设计）

中式落地灯（大连非常饰界设计）

欧式风格的吊灯比较适合用
在层高较高的大空间,强化了
欧式风格的雍容华贵。
(大连亿达项目样板间)

铁艺造型的灯杆增加了灯饰的观赏性。(大连亿达项目样板间)

传统风格的灯具目前逐渐受到欢迎，可以为现代居室
增添几缕清新、典雅的中国风。（大连非常饰界设计）

6 摆 饰

6.1 摆饰的种类与选择

摆设又叫"摆件"或"小品",是指摆放在各类柜、橱、桌、几、架以及其他室内平面上的工艺美术品。摆设的种类很多,一般可分为两大类:

一类是实用类摆设,这类工艺美术品既具实用价值又有观赏价值,如陶器、瓷器、玻璃器皿、漆器制品、茶具、文具、花瓶、酒具、餐具、化妆品等。

另一类是欣赏类摆设,这类工艺美术品主要是以观赏为主,如木雕、石雕、砖雕、牙雕、竹雕、贝雕、椰雕、玉器、翡翠、玛瑙、水晶、料器、珊瑚、景泰蓝、古陶、青铜器、唐三彩、刺绣等。

衡量摆设的价值,首先要懂得鉴别,如现代工艺品,主要看其制作工艺和艺术性,而原料质地次之。玉石、翡翠、玛瑙,则以质料为主,工艺制作次之。古玩文物,主要看其年代,其次是艺术档次和品相。

6.2 摆饰布置实例

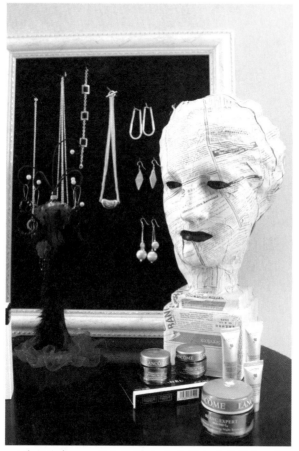

小空间应布置一些小的摆设,太大了会喧宾夺主。各类化妆品的外形包装设计丰富多样,有长方形、方形、椭圆形、扁圆形、三角形、梯形、圆锥形等,布置时通常不能随意组合摆放,应该有曲直大小、高低错落的次序。(大连非常饰界设计)

中式博古架为各种小摆饰提供了"展示舞台"。
（大连非常饰界设计）

大空间可以布置些大的摆设，太小了会显得空荡孤寂。客厅、餐厅等人们容易驻足的地方，应摆设一些精致、耐人寻味的摆件。

（大连非常饰界设计）

中式风格的摆饰(大连非常饰界设计)

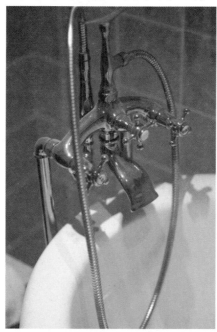

卫浴龙头也能成为很好的装饰品。
(大连非常饰界设计)

精美的美式相框
（大连非常饰界设计）

内容丰富的摆饰，活跃了居室气氛。（大连非常饰界设计）

简单、大气的红酒架彰显的是居室主人不凡的身份。
（大连非常饰界设计）

如果有很多精致的小摆饰，可以选择图中的玻璃展示柜。将所有的小摆件分类摆放，既不会使空间显得凌乱不堪，又给生活增加一些小乐趣。

（大连非常饰界设计）

步入式衣帽间内的摆饰(大连非常饰界设计)

镂空隔断的台面上摆放具有中式特色的黑色花瓶,配上几支干枝,即对视线起到了一定的阻隔作用,使不同空间形成了一定的划分,又营造出中式风格的禅意。

(大连非常饰界设计)

做工考究、质地优良的餐具同样是很好的摆饰。（大连非常饰界设计）

装帧精美的外文书与人物、马头等摆设，组成一幅怀旧的画面。
（大连非常饰界设计）

7 壁挂装饰品

7.1 壁挂饰品的种类

居室挂饰的种类很多,它包括各类书法、绘画、照片、壁挂、镜饰,等等。

1)中国书画

中国书画是书法与绘画作品的统称。书、画虽为两门艺术,但均以笔、墨、纸、砚为基本工具和材料,且画幅形式相同,所以书画历来被视为同源同根、密不可分。书画在居室装饰中是不可缺少的点缀品,它不仅可以美化居室,而且给人以美的享受。居室内悬挂一幅漂亮的中国书画,会使居室显得端庄高雅,同时在艺术欣赏中获得艺术的熏陶。中国书画的装裱形式在世界上是独树一帜的。传统的中国书画一般都要经过托、刺、镶、扶、研光、上杆等六道主要工序。即使采用镜框,也必须经过托芯等基本工序。书画经过装裱以后可使画面平整,层次更加清晰,因此更具欣赏价值。

(1)书法

书法是以汉字为表现对象,以线条造型为表现手段的艺术,是中国特有的文化传统之一。书法在居室装饰中的形式主要是条幅、匾额、楹、联等。中国书法之所以成为艺术,是因为它已不仅仅

是单纯意义上的写字,历代书法家是在用字的结构来表达物象的
结构和生气。书法的内容可以为名句、格言、诗词等,书法家通过
漂亮的字体,给人以启迪,无论是整幅还是其中一个点、一个笔划、
一个结构体都会显示其精神面貌和气势韵味,所谓"以形写神,离
神于形,形神兼备"。

书法

(2)国画

中国画简称"国画",它具有悠久的历史和独特的风格,是中
国的传统绘画。中国画以笔墨线条为主要造型手段,以"传神"作
为塑造艺术形象最根本的要求,不受焦点透视和时空的限制,使得
它在艺术风格上与西方绘画完全不同。国画的题材丰富,有人物
画、山水画、花鸟画之分。

2) 西洋画

西洋画简称"西画",它包括多种画种,其中油画、水彩画、版画在居室布置中使用得较多。

(1) 油画

油画是用快干油和颜料画成,一般画在布、木板或厚纸板上,其特点是颜料有较强的遮盖力,并能很好地表现物体的真实感和丰富的色彩效果。

抽象油画

静物油画

(2) 水彩画

水彩画是用胶质颜料作画的,这种颜料可用水溶解稀释,作画时正是利用水分的互相渗融和画纸的质地特性等条件,表现出透明、轻快、丰富等特有的效果。

水彩画

（3）版画

版画是运用刀和笔在不同材料的版面上进行刻画，并可印出多份原作的一种绘画方式。按其版画性质和所用材料分为：凸版，如木版画、麻胶版画；凹版，如钢版画；平版，如石版画等。

西画的性质决定了它很难从题材的角度来分析其艺术性，这一点与中国画有很大不同。西画与科技发展的关系非常密切，它远远超过中国画对科技发展的依赖程度。从表现形式看，西画的创作分写实、表现、抽象，也有探索性、边缘性的绘画。从目前来看，中国的写实油画已达到很高水平，因此家庭中收藏和布置此类作品很有价值。

三联版画

3) 工艺装饰画

工艺装饰画也是居室挂饰的主要品种,有镶嵌画、浮雕画、法郎画、年画、剪纸、麦秆画等。

(1)镶嵌画

镶嵌画是用玉石、象牙、贝壳和有色玻璃等材料镶嵌而成的。在形式上有古典风格,也有现代风格。

现代构成风格的镶嵌画

（2）浮雕画

浮雕画是利用木、竹、铜等材料雕刻而成的各种凹凸造型，嵌入画框进行布置而成的。

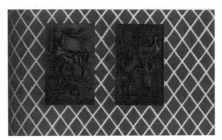

并列布置的两幅浮雕画

规则排列的画框增加了居室的现代感

树脂浮雕画是近年来流行的一种新潮装饰画

(3)年画

年画是中国民间的一种绘画体裁，不一定只在过年才挂的画，是综合绘、刻、印三方面技艺的综合艺术，内容题材包罗万象，有农家生活、历史人物、戏曲故事、节令风俗、四季花果、吉祥动物等。无论何种题材，都跟中国人的生活息息相关，不仅具备历史渊源，在构图、着色与刻画线条等方面也都蕴含着乡情、感性的美与对未来的美好憧憬。年画是中国特有的画种，最能反映时代特征，并且有祈福平安、五谷丰登、风调雨顺、驱邪纳福、招祥致瑞、人丁兴旺等含意,在逢年过节尤能体现欢乐喜庆的气氛。

(4)剪纸

剪纸也是我国民间的艺术品。民间艺人只要一张纸、一把剪刀,即可随意剪出表达思想感情的作品来。剪纸也有地域特征,如河北蔚县的剪纸,以戏曲人物为主,柔媚细腻、色彩鲜艳,善于夸张;福建泉州的刻纸,刀法挺劲圆润,线条流畅;江苏扬州的剪纸,擅剪菊花,秀丽自然;南京剪纸,清秀柔媚。

4)摄影作品

摄影作品也可作为挂饰进行布置。摄影作品的内容可分为两类:一类为艺术性摄影,主要是静物、风景和人物,强调色彩、构图和意境;另一类是历史性摄影作品,如家庭中有纪念意义的照片,家庭成员外出旅游时留下的旅途风景以及与亲朋好友的合影。在家庭居室装饰中,摄影作品以它"独一无二"的真实性、高清晰度及多种艺术效果集于一身的特点而逐渐成为挂饰中的一种时尚。风景照拍摄回来后,可放大加工成 10 寸左右的摄影作品,镶嵌于镜框内,多幅一组横列在客厅的墙上,甚是亲切与独特。花卉摄影作品可选几幅装在镜框里,挂在厨房、卫生间的墙上,会使小小空间里充满着生机与活力。好的人物照或结婚照经过放大塑封后挂在卧室或书房里,让回忆更显珍贵感人。把收集已久的老黑白照片用镜框框起来,挂在客厅里,也别有一番情趣。

贝壳主题的装饰画
同桌面的摆饰形成
了有机互动。

伸向远方的风景摄
影,仿佛增加了房
间进深。

这间书房的摄影作
品以人物类为主，
反映了主人的兴趣
爱好。

由老照片组成的照
片背景墙。

5）壁挂

这里所说的壁挂是指除了书画、照片、壁毯以外的各种悬挂性装饰物，如中国结、折扇、兽头、兽皮、刀、剑、弓……在制作时可结合编结、折纸、雕刻、铸造、彩印等手工工艺，在形式上采用平面、立体、浮雕、软雕塑、平贴等。对形象和形式的设计没有固定模式，一般都是对主人情趣和喜好的反映。

比如传统的中国结是吉祥的象征，因"结"与"吉"是谐音。编织精美的中国结在喜庆日子里必不可少，而它的意义也非同一般，除了有浓浓的"中国情"之外，还象征着"永结同心"之意。可将它挂在墙上或是门上比较显眼的位置，随时都可以看到。现代结艺在设计与制作上不仅注意了结艺本身的装饰性，还将木艺、雕刻、刺绣等多种艺术形式以及景泰蓝等民族工艺与之相结合。中国结艺分大型挂件和小型挂件，因其含义不同所挂位置也不同，家中的家具、墙壁等位置可以选择大型挂件，而一些柜门把手等处可以选择小型挂件，让这些挂件透出精巧的中国结的装饰心灵。

折扇，一般布置在卧室床的上方或是客厅的背景墙上。折扇透着古色古香的书香气，上边画着的中国画无论是写意还是工笔都会给居室增添几许文化气氛，比较适合中式风格的居室设计。

6）镜饰

作为整容、整装之用的镜子，是家庭中司空见惯的日常生活必需品。由于现代科技的发展，不断推出镜面玻璃、镜面金属等新产品，使镜面的应用日趋广泛，镜面的尺寸也日趋扩大。镜面的利用已不局限于带框的小尺寸镜子，在当今的室内设计中常常将整片墙面、柱面或天花板等用镜面玻璃或镜面金属装饰。因此可以说镜面已成为"镜饰",居室中采用镜饰以后为居室环境增添了艺术感染力。

简单地说,镜饰是指把镜子挂于墙面上,既能拓宽房间,又能美化室内环境。比如挂于梳妆台前或玄关处都可起到整容、整装的作用。居室内的挂镜,对其大小、造型以及边框的材质、色彩都要仔细挑选,精心设计,使之与家具、陈设等周围环境在风格上达到统一,在色调上取得协调。

将不同形式的镜子组放在一起,别有一番情趣。

纵横相间的镜饰效果

当然，镜饰也有它的不足之处，会产生冷冰冰的感觉，形成耀眼的眩光等。因此，对于镜饰的运用要因室制宜，室内的挂镜不可过多，否则显得零乱。悬挂的位置更需推敲，应把它视为室内墙面构图要素之一来考虑。墙面设置化妆镜的卧室，镜面与梳妆台、床头靠板组成墙面的主要装饰，不再需要其他多余的挂饰、画幅，这样显得大方、宁静。镜面对着窗户，让窗外的花草也映入室内，会使卧室空间绿意盎然。富于艺术性的车边镜子，不但成像清晰逼真，而且镜子边缘经车边磨光饰边、雕花后极具装饰性，使人赏心悦目。

7.2　壁挂饰品的布置原则

选用什么样的壁挂饰品,要根据不同的房间、不同的格局、不同的墙壁的空余面,以及经济条件、文化素养和个人爱好等不同因素而定。一般说来,在选择安排挂饰时要注意以下几个原则:

1) 风格要与居室环境相配

一个房间可配一种风格的挂饰,也可选择几种不同风格和内容的挂饰。一般来说,传统中式格调的房间宜配挂中国字画和古朴典雅、韵味悠长、艺术气氛浓厚的传统工艺画(如竹编画及木刻画等);西式格调的房间则宜选用油画、版画或大型彩色摄影作品等来装饰;现代风格的房间则适合选用现代派抽象画、装饰画及水彩画来布置。

2) 要与居室整体色彩相配

壁挂饰品的色彩可选择与室内环境色彩属同一色系的,使整个室内环境协调统一;也可以使用少量的对比色,如挂饰本身仅起点缀作用,并不需要细细观看,所以可选对比性强、色彩艳丽些的作品,以改善室内色彩的深沉感。若挂饰本身有观赏价值,特别是那些黑白分明的书画(指的是不加框的书画),就不宜挂在白色的墙上。如果画面色彩艳丽、强烈,最好用大的底板衬画,使画面有明显的周界,从而使画面更显突出,或者用画框框起来,这样的画面就不会有溢出的感觉了。

3）要显示主人个性特点

选择挂饰无论品种、形式都要符合主人的职业与身份,体现主人的爱好与修养。例如,在客厅中挂上劲松翠竹的书画则显示主人对高风亮节品质的赞美;在书房里挂上松、梅、竹、菊的国画或以古诗词为内容的书法能很好地表达出主人的艺术修养;新婚房选用并蒂莲、鸳鸯戏水为内容的彩画可表达夫妻恩爱、永浴爱河的意愿。

4）要根据房间大小有所选择

若居室较小,可选风景画以增加室内的空间感,使房间感到敞亮扩大。小房间里布置字画应将小幅书法装入深色的镜框内再悬挂,则小中见大、玲珑剔透。室内墙面较空时可悬挂一幅尺寸较大的挂饰,或一组排列有序的小尺寸美术作品。

另外,壁挂饰品的陈设还要注意几个容易忽略的问题。首先,中国书画格调高雅,是一类个性很强的艺术品,它对室内环境的要求比较高。如果在一个很不理想的环境部位张挂,便不能很好地体现其应有的装饰艺术效果。因此,中国画以及书法条幅宜挂在淡雅的客厅和书房。油画、水粉、水彩画等的张挂则有较大的灵活性。其次,环境气候变化也是决定挂饰内容的一个方面。夏天宜挂冷色调的江河海景或翠竹、荷塘、瀑布之类的画,冬天宜挂暖色调的花、果、动物或满山枫叶之类的画。如室内阳光充足,温度较高,可选冬景、雪景画,让人触景生"凉"。背阴、温度不高的场所,可选挂春色、阳光充足的风景画,以"调节"室内气温。最后,还有一点很重要,就是"宜少而精"。挂饰缺则乏味,多则太俗,因此挂饰应坚持少而精的原则,不宜太多太密。墙上的挂饰一多就会形成多中心,使人无所适从,又是油画又是照片,还挂上许多挂历、挂件等不同种类、不同风格的挂饰,虽很热闹却俗不可耐。如果有不少精品,不忍心埋没,可以轮流着挂。

7.3　壁挂饰品实例

背景墙的壁挂饰品(大连非常饰界设计)

具有金属质感边框的落地镜不仅具有实用功能,同样
具有很强的装饰性。镜面反射的景物本身就是一幅反
映真实生活的图画。(大连非常饰界设计)

壁饰软装前(大连非常饰界设计)

壁饰软装后(大连非常饰界设计)

这幅挂画使整个背景墙形成了一个视觉中心，互相穿插的线条
与散点的搭配形成极强的构成感，为整个墙面增加了分量。

（大连非常饰界设计）

卧室的壁挂饰品(大连非常饰界设计)

书房的壁挂饰品(大连非常饰界设计)

客厅的壁挂饰品(大连非常饰界设计)

玄关的壁挂饰品(大连非常饰界设计)

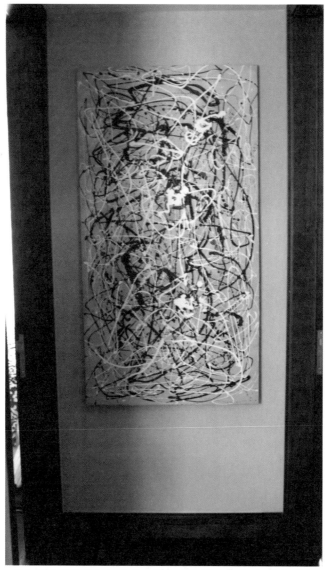

看似随意的线条却组成了一幅色彩协调的抽象画,清新的色彩与跃动的线条,为本来单调的空间增添了无限的活力,使人产生愉悦的心情。(大连非常饰界设计)

8 绿化装饰

8.1 绿化的装饰功能

居室绿化装饰是室内环境设计中不可分割的组成部分,是提高室内环境质量、满足人们生理和心理需求不可缺少的因素,其作用是多方面的。

1）净化室内空气

都市人的一生大约有80%的时间要在室内度过,然而室内空气污染问题时时困扰着现代都市人。科学研究证明:每人每小时应有30立方米的新鲜空气才能保证人体的健康,而在室内合理种植绿色植物是净化空气的有效方法之一。据有关资料介绍,许多植物具有去除有害气体的能力,如吊兰吸收空气中有毒化学物质的能力最强,其效果甚至超过了空气净化器。

有些植物还可以释放香气,给大脑皮层以良好的刺激,使疲劳的神经系统在紧张的工作和思考之后,得以放松并恢复疲劳,让人轻松愉快。有关实验表明:置身于芬芳、宁静、有花香的环境中,能使人的脉搏跳动次数平均每分钟减少4～8次,呼吸均匀,心脏负担减轻,嗅觉听觉及思想活动可以得到增强。在国外,有医生专门利用花香给病人治病,称为"芳香疗法"。

有些植物还能分泌出杀菌素,例如,仙人掌类能释放杀菌素,杀死有害细菌等,使空气得到净化。又如,文竹、秋海棠等植物分泌的杀菌素,能杀死细菌,减少喉炎、感冒的发生。研究证明:有15种疾病用花香治疗的效果不错,如哮喘、高血压、痢疾、流感、失眠等。

此外,室内植物时时刻刻都在蒸发水分,从而能降低室内空气的温度和增大湿度。但是一些人认为植物夜间呼吸需要吸入大量氧气,放出二氧化碳,导致室内氧气不足,而大量二氧化碳的增加对身体有害。实际上这是误解,绿色植物在夜间放出的二氧化碳仅是它吸入氧气的1/20。每株室内植物在夜间排出的二氧化碳仅约为人呼出的1/30,而这个量是绝不会影响人体健康的。

非洲茉莉
可使人放松、有利于睡眠,
还能提高工作效率。

铁线蕨
每小时能吸收大约20微克的甲醛,
被认为是最有效的生物净化器。

棕竹
消除重金属污染和二氧化碳。

白掌
空气中污染物的浓度越高,
它越能发挥其净化能力!
此外它非常适合通风条件不佳的阴暗房间。

2) 吸音隔热

由于植物叶片上的大量纤毛和叶片排列方向各异,一部分声波能量消耗在纤毛的震动上,一部分声波在叶片之间反射,使其扩散减弱。据科学家测定,叶片能减少 26% 左右的噪声。如在门窗口放几盆较大的阔叶植物,可有效地阻挡噪音、灰尘,并能吸收太阳辐射,起到隔热作用。

红豆杉

据国家环境监测中心检测结果显示,红豆杉具有调节温度、湿度,吸音、吸收辐射热、隔热以及抵御电脑辐射等作用。

3）组织、分隔空间

植物装饰还可以组织空间、分隔空间,起着过渡、引导的作用。将绿化引进居室,使室内空间兼有自然界外部空间韵味,有利于内外空间的过渡,同时还能借助绿化,使室内外景色互相渗透,扩大室内空间感。

在一些面积较大的空间,如现代居室中的客厅可以利用植物对空间加以限定和分隔,使原本功能单一的空间划分出不同功能的子空间,提高空间的利用率。

4）处理空间死角

在室内装饰布置中,常常会遇到一些不好处理的死角,利用植物装点往往会收到意想不到的效果。如在楼梯下部、墙角、家具的转角或上方、窗台或窗框周围等处,用植物加以装饰,可使这些空间焕然一新。

5)陶冶情操

植物不仅具有美化、改善环境的作用,而且还能对人的精神和心理起到良好的作用。植物的形状、高矮、色彩会产生变化,使人犹如在大自然中,使人赏心悦目,能陶冶人的情操,净化人的心灵。利用有蓬勃生命力的植物美化与装饰室内空间,是任何其他物品都不能比拟的。

此外,植物还具有丰富的内涵和多种作用。如:梅花象征高洁;牡丹寓意富贵;文竹枝叶纤柔,温文尔雅,象征永恒;龟背竹叶色深绿,叶形开阔,体现自由、豪迈之气。

可见,不同的植物展现出不同的风情,寓意着不同的含义,为居室增添了文化气息,既可营造幽静闲雅的气氛,也可装点出引人注目的景观。

8.2 绿化装饰的原则

室内绿色植物装饰要从多角度出发,通过合理设计,达到最佳效果。所以,室内绿色植物装饰应注意以下几个方面:

1）美学原则

（1）构图要合理

构图是将不同形状、色泽的物体按照美学的观念组成一个和谐的场景。绿化装饰要求构图合理，应注意布置均衡，以保持稳定感和安定感。

（2）比例尺度要合适

比例尺度要合适，指的是植物的形态、规格等要与所摆设的场所大小、位置相配套。比如空间大的位置可选用大型植株及大叶品种，以利于植物与空间的协调；小型居室或茶几案头只能摆设矮小植株或小盆花木，这样会显得优雅得体。室内空间的绿化比例一般不超过室内空间的1/10，这样可使室内空间有扩大感，反之就会给人带来压抑感。

（3）色彩搭配要协调

室内绿化装饰的色彩搭配要根据室内的色彩状况而定。如以叶色深沉的室内观叶植物或颜色艳丽的花卉作布置时，背景底色宜用淡色调或亮色调，以突出布置的立体感；居室光线不足、底色较深时，宜选用色彩鲜艳或淡绿色、黄白色的浅色花卉，以便取得理想的衬托效果。陈设的花卉也应与家具色彩相互衬托，如清新淡雅的花卉摆在底色较深的柜台、案头上可以提高花卉色彩的明亮度，使人精神振奋。此外，室内绿化装饰植物色彩的选配还要随季节变化以及布置用途不同而作必要的调整。

2）实用原则

室内绿化装饰必须符合功能的要求，要实用，这是室内绿化装饰的重要原则。所以，要根据绿化布置场所的性质和功能要求，从实际出发，做到绿化装饰美学效果与实用效果的高度统一。

3）经济原则

室内绿化装饰除要注意美学原则和实用原则外，经济价格要有可行性，而且能保持长久。绿化布置时要根据室内结构、建筑装修和室内配套器物的水平，选配合乎经济水平的档次和格调，使室内"软装修"与"硬装修"相协调。与此同时，还应该尽量使其保持较长的时间，以达到较长时间的装饰效果。

8.3 各功能区的绿化布置方法

1）建筑门前绿化

在较透光的大门两边，可各放一些抽叶藤、仙客来等，表示喜迎宾客之意；在较宽的门前，可放置两盆观音竹、西洋杜鹃；在较狭小的门前，可利用角隅和板壁摆上盆栽观叶植物，以小巧玲珑为佳，或者利用雨棚、立管吊一些吊兰、垂盆草等植物。

建筑门前绿化(大连非常饰界设计)
小灌木配合盆栽为单调的空间增加了活力,
入口空间也显得更加精巧别致。

2) 玄关绿化

　　玄关是居室的入口处,玄关的装饰能带给人第一印象和感觉,整个居室的风格和氛围都可以在玄关中表现出来。玄关一般面积较小且很少有直射的阳光,因此可选体积小一些的、荫生或耐阴的植物,如万年青、兰花及一些小盆花;也可选用吊兰、蕨类植物吊挂于此,这样既可节省门厅的空间,又能活泼空间的气氛。总之,该处绿化装饰选用的植物以叶形细腻、枝条柔软为宜,色调为浅绿,以缓和空间视线。也可在玄关屏风底座放一排盆花或在墙角立一几架,放一盆精致的盆栽植物。

玄关处的小盆栽绿化

3) 客厅绿化

客厅是日常生活起居的主要场所,是家庭活动的中心,同时也是接待宾客的主要场所,它是整个居室绿化装饰的重点。客厅一般面积相对较大,在设计搭配植物时要力求美观、大方、庄重,不宜重复,色彩要明快,同时也要注意和室内家具风格及墙壁色彩相协调。若想客厅显得气派豪华,可选用叶片较大、株型较高的观叶植物或藤本植物为主要绿景,如马拉巴粟、巴西铁、绿巨人、散尾葵、垂枝榕、黄金葛等;而想要客厅显得典雅古朴的,则可选择树桩盆景作主景。小型客厅不宜放置大型盆栽,以免过于拥挤,可选用小型花卉或藤蔓类植物,小型花卉可以放置在茶几中央或者电视机旁边,如长春藤、吊兰、牵牛、绿萝等。客厅是布置植物装饰的重点,最好能根据季节变化更换盆景或花卉,利用博古架、花篮、花格架,使绿化向空间发展。

通过花卉的装点,让整个居室生机盎然。(大连非常饰界设计)

充分利用了房间角落和花格架摆放绿植,既美观又实用。
（大连非常饰界设计）

如房间足够宽敞，可选用叶片较大、株型较高的观叶植物或藤本植物；
而要客厅显得风格典雅古朴的，则可选择大型树桩盆景。
（大连非常饰界设计）

装饰柜两侧各放一株绿植,强调了平衡
的美观效果。(大连亿达项目样板间)

书桌旁放上一株绿色植物可以调节工作心情。
(大连非常饰界设计)

4）卧室绿化

卧室是供人们休息的场所,具有较强的私密性。人的一生中大约有1/3的时间是在睡眠中度过,所以卧室的绿化装饰也是十分重要的。卧室内摆放植物宜少不宜多,尤其颜色不应太杂,一般采用中小型盆花且带有淡淡香味者为佳,佛手、棕竹、文竹和山水盆景、树桩盆景均适宜卧室摆放。卧室的植物选择应围绕休息这一功能进行,营造一个能够舒缓神经、解除疲劳、使人松弛的气氛。根据卧室的朝向不同也要有不同的选择,阳面的卧室,可在窗台处放置君子兰、桂花、茉莉等喜阳的植物,阴面的卧室适合放置文竹、吉祥草等耐潮湿的植物。对不同的人群,选择绿色植物时也要有所区别:儿童房内不宜放置仙人掌等带有针刺的植物,以免对儿童造成不必要的伤害;老人房内不宜放置牵牛花、吊兰等对氧气吸收较大的植物,卧室相对狭小的空间会导致氧分不足,对老人的健康不宜。

在床头柜上不宜摆放太大的盆花。

卧室的绿化装饰，忌多而宜精。

儿童卧室内的绿化首先要考虑的就是安全性。

老人房的绿化装饰效果

5）书房绿化

书房是阅读、写作的地方，应以安静沉稳为主调，所以书房绿化装饰要以文静、秀美、雅致的植物为宜，从而创造一个静穆、祥和、优雅的环境，使人入室后心情就可以平和专注起来。所以书房的植物选择不宜过于醒目，而要选择那些色彩不耀眼、体态较一般的植物，色调以深绿为主。将文竹、吊兰、君子兰等植物放置在书桌或者书架上面，不仅美观大方，而且有利于激发思维，又可提神健脑，缓解视觉疲劳，还能增添书房内的优雅气氛。在电脑桌上放置一盆蕨类植物，既可以抑制电脑显示器和打印机等释放的二甲苯和甲苯，又能吸收二手烟中的烟焦油等有害物质。

书架上装饰的小盆栽

书桌上宜用蕨类植物绿化

6）餐厅绿化

餐厅是一家人或宾客用餐和聚会的主要场所,选择装饰餐厅的绿色植物的首要原则是有助于愉悦心情、增加食欲、活跃气氛,适宜摆放以清洁、甜蜜为主题的植物。餐桌上摆放的植物不宜过大,不然会妨碍与人的交流。另外,有落叶和花粉较多的植物不宜摆放。一般餐厅的面积较小,大型花卉盆景不宜摆放,会过多地占用使用空间。可以选择秋海棠、仙客来、一品红等小型花卉,能使人心情愉悦,增加食欲。

餐厅绿化可以活跃就餐气氛。(大连非常饰界设计)

7）卫生间绿化

卫生间湿气与温度较高,不利于植物生长,因此必须选择能耐阴暗的小株植物,如羊齿类植物、抽叶藤、蓬莱蕉等。卫生间绿化大多利用墙面挂靠,也可摆放在放置清洁用品的几架上。卫生间的管道也可利用来吊挂一些悬垂植物。总之,卫生间应选冷水花、蕨类等适应性强的植物。

两三株绿色植物的点缀，即可使阴暗潮湿的卫生间充满活力。另外，在整体浅色调的映衬下，几抹绿色也显得格外跳跃和突出。

（大连亿达项目样板间）

洗面台上的花卉有助于愉悦心情。（大连亿达项目样板间）

卫生间面积有限，可利用墙角摆放。(大连非常饰界设计)

仿真花的装饰效果(大连非常饰界设计)

8) 阳台绿化

一般住宅的阳台是向阳的,采光、通风条件都好于室内,非常适合常绿植物的生长,是居室空间中最适宜摆放花草的空间,适合摆放色彩鲜艳的花卉和观叶植物。但是要避免将特别喜阴的植物品种放置在阳台,这样不利于喜阴植物的生长。阳台绿化可以分为上、中、下三部分。上部分,即阳台的上空。可选用牵牛花、常青藤、葡萄等藤蔓植物,用竹竿、木架、绳做个架子牵引到空中,或者悬挂多盆吊兰。中部分,即阳台栏杆处。手扶栏杆可以用自制的金属盆箍,将花盆置于室外。下部分,即地面。在阳台的两端设计梯形的花架,占地小而且绿化面积大,可做室内花卉的轮换集散地,这些可以重点布置。

南向阳台非常适合植物的生长。(大连非常饰界设计)

面积较大的露台可利用金属、木材、架子与植物一起组成花架。
（大连非常饰界设计）

从室内望去,郁郁葱葱,还可以陶冶心情。
(大连非常饰界设计)

小型雕塑配合绿色植物给露台空间增添了一丝情趣。
（大连非常饰界设计）

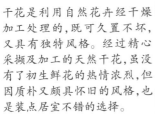

干花是利用自然花卉经干燥加工处理的，既可久置不坏，又具有独特风格。经过精心采撷及加工的天然干花，虽没有了初生鲜花的热情浓烈，但因质朴又颇具怀旧的风格，也是装点居室不错的选择。
（大连非常饰界设计）

在玄关的大理石台座上摆放一排插花,不需要花费太多却能营造出温馨浪漫的感觉。(大连非常饰界设计)

景观阳台是种植花草的最佳位置。利用每寸可以利用的地方来摆放植物,使你的阳台变成你的私家花园。在阳台家具和装饰材料上可选择体现自然风格的原木、藤条、石材等。(大连非常饰界设计)

参考文献

［1］陈军,等. 住宅装修大全［M］.南京:江苏科技出版社,2002.

［2］俞磊. 家庭软装饰宝典［M］.南京:知识产权出版社,2004.

［3］许文霞,等. 家庭软装饰巧［M］.北京:轻工业出版社,1999.

［4］范业闻. 现代室内软装饰设计［M］.上海:同济大学出版社,2011.

［5］庄夏珍. 家居植物装饰［M］.重庆:重庆大学出版社,2012.